TSUKUBASHOBO-BOOKLET

暮らしのなかの食と農――㊱

日豪EPAと日本の食料

鈴木宣弘
Suzuki Nobuhiro

筑波書房ブックレット

目 次

序 …………………………………………………………………………5

第1章　日豪EPAと日本の食料・農業・農村 ……………………11

1. 最小の利益と最大の損失 …………………………………………11
2. 従来の手法が適用できない ………………………………………12
3. 埋められない土地条件の圧倒的格差 ……………………………15
4. 国内農業と関連産業への甚大な影響 ……………………………16
   ①牛肉……16
   ②乳製品……17
   ③コメ……18
   ④小麦……19
   ⑤砂糖……20
5. 日本に農業はいらないか …………………………………………24
   ①日本農業が非難されるのは誤解……24
   ②自給率30％になったら独立国家といえるでしょうか？……26
   ③国民の健康への不安……29
6. 重要品目への柔軟な対応の正当性 ………………………………32
   ①域外国の損失の緩和……32
   ②高関税の農産物を除外した方が日本全体の利益は高まる……34
7. オーストラリアのかたくなさ ……………………………………34
8. 冷静にギリギリの現実的妥協点を探る …………………………37

第2章　日豪EPAの前に考えるべきこと……………………………40

1. アジアの連携強化の重要性 …………………………………40
2. アジアの連携は、まず「ASEAN＋3」から …………………42
3. 自由化利益再分配メカニズムの提案 ………………………45
4. 狭義の経済効率を超えた総合的判断基準が必要 …………47
5. 「東アジア共通農業政策」の具体的イメージ ………………51
6. おわりに …………………………………………………………53

序

　なぜ、我が国を含め、世界中で、こんなにEPA/FTA（経済連携協定/自由貿易協定）の締結が急がれようとしているのでしょうか。実は、話の本質は意外に単純といえなくもないのです。
　WTO（世界貿易機関）による貿易自由化というのは、例えば、日本がタイにコメ関税をゼロにしたら、世界のその他のすべての国に対してもコメ関税をゼロにしなくてはならないという「無差別原則」の上に成り立っています。これは、FTAによる世界のブロック化が第二次世界大戦を招いた反省から生まれた知恵なのです。これに対して、例えば、日タイFTAで日タイ間のみでコメ関税をゼロにし、その他の国々を差別するFTAは、WTOの無差別原則に真っ向から反します。いわば、FTAは仲間はずれをつくる「悪い」グループ形成のようなものです。しかし、ひとたび、差別的なFTAが、あちこちで生まれてしまうと、どうなるでしょうか。不利にならないようにするには、悪かろうが良かろうが、仲間に入れてもらうしかなくなってくるのです。
　例えば、たくさんの国とFTAをしているメキシコに各国の自動車の組立工場があり、本国からエンジンを輸出すると、FTAを結んでいる国はゼロ関税なのに、日本にだけ16％の関税がかかってしまい、競争力が失われるのです。そこで、自動車や家電のような産業は、何とか早く、日本も仲間に入れてくれ、ということになります。これが、「国益」として、前面に出てくるのです。そして、それを実現するのに「足かせ」、「抵抗勢力」となる日本の産

業＝農業は、様々な形で攻撃されるのです。つまり、この一連のロジックの流れは、日本の一部の輸出産業のエゴと利害に基づいています。

　今は、貿易自由化で利益を得る一部の人々が声を大きくして、自分たちの利益が「国益」であるかのように振る舞い、農業を攻撃していますが、その攻撃は的を射ていません。にもかかわらず、それが正しいかのように流布されています。

　農業をめぐる議論は誤りに満ち満ちています。それを客観的に指摘しつつ、消費者の皆さん、国民の皆さんに、よく考えてもらい、極論ではなく、バランスのとれた合理的かつ現実的な着地点を見いださないと、日本の地域社会の将来は危ういのです。

　我が国の農産物市場が閉鎖的だというのは間違いです。実は、日本ほどグローバル化した食料市場はないといってもよいでしょう。我々の体のエネルギーの60％もが海外の食料に依存していることが何よりの証拠です。関税が高かったら、こんなに輸入食料が溢れるわけがありません。

　わずかに残された高関税のコメや乳製品等の農産物は、日本国民にとっての一番の基幹食料であり、土地条件に大きく依存する作目であるため、土地に乏しい我が国が、外国と同じ土俵で競争することが困難なため、関税を必要としているのです。

　しかし、日本とオーストラリアとの2国間の自由貿易協定の交渉では、このような重要品目についても関税撤廃が強く迫られる可能性があります。一方、WTO（世界貿易機関）による多国間の関税削減交渉でも、大幅な関税削減を求められる可能性があります。

しかも、国内では、日本の将来方向に大きな影響力を持つ経済財政諮問会議等において、貿易自由化を含め、規制緩和さえすればすべてがうまくいくという人々が、さらに声を大きくしてきています。

　確かに、一般的に規制緩和による競争の促進によって、産業の効率化と競争力の強化が図られる側面は認識しなければなりません。また、WTOによる多国間の貿易自由化にしろ2国間ないし数カ国間のFTA（自由貿易協定）にしろ、我が国の経済発展にとって、国際貿易の促進が果たす役割が大きいことも認識しなければなりません。

　しかしながら、規制緩和さえすれば、すべてがうまくいくというのは幻想です。農産物貿易も、自由化して競争にさらされれば、強い農業が育ち、食料自給率も向上するというのは、あまりに楽観的です。日本の農家1戸当たり耕地面積が1.8haなのに対してオーストラリアのそれは3,385haで、実に約2,000倍です。この現実を無視した議論は理解に苦しみます。

　このような努力で埋められない格差を考慮せずに、貿易自由化を進めていけば、日本の食料生産は競争力が備わる前に壊滅的な打撃を受け、自給率は限りなくゼロに近づいていくでしょう。

　しかし、仮にそれでも大丈夫だというのが、規制緩和を支持する方々の次なる主張です。自由貿易協定で仲良くなれば、日本で食料を生産しなくても、オーストラリアが日本人の食料を守ってくれるというのです。これは甘すぎます。食料の輸出規制条項を削除したとしても、食料は自国を優先するのが当然ですから、不測の事態における日本への優先的な供給を約束したとしても、実

質的な効力を持たないでしょう。EU（欧州連合）も、あれだけの域内統合を進めながらも、まず各国での一定の自給率の維持を重視している点を見逃してはなりません。ブッシュ大統領も、食料自給は国家安全保障の問題だとの強い認識を示し、日本を皮肉っているかのように、「食料自給できない国を想像できるか？　それは国際的圧力と危険にさらされている国だ」と演説しています。

　今、我が国では、医療と農業が、規制緩和を推進する人々の「標的」となっており、医療についても、農村部の医療の「担い手」不足の深刻化等、医療の崩壊現象が日本社会に重大な問題を提起し始めています。医療と農業には、人々の健康と生命に直結する公益性の高さに共通性があり、そうした財・サービスの供給が滞るリスクをないがしろにしてよいのでしょうか。農業が衰退し、医師もいなくなれば、地域社会は崩壊しますが、要するに、無理をしてそのような所に住まずに、みんな都市部に集まれば、それこそ効率はいい、ということなのでしょうか。

　食料貿易の自由化も、一部の輸出産業の短期的利益や安い食料で消費者が得る利益（狭義の経済効率）だけで判断するのではなく、土地賦存条件の格差は埋められないという認識を踏まえ、極端な食料自給率の低下による国家安全保障の問題、地域社会の崩壊、窒素過剰による国土環境や人々の健康への悪影響等、長期的に失うものの大きさを総合的に勘案して、持続可能な将来の日本国の姿を構想しつつ、バランスのとれた適切な水準を見いだすべきです。

　ただし、日本の農業関係者も考えるべきことがあります。国内的にも、全面的な農産物関税撤廃というような厳しい議論が出て

くる背景には、日本の農家は十分経営努力をしていないという批判があり、このことは、真摯に受け止めなければなりません。極論を排除するためには、日本の農家、農業関連業者も、ある程度の国際化の波は避けられないことを一層認識し、さらに経営センスを磨き、可能なかぎりのコスト削減努力、販売努力を強化することが必要です。

　しかし、それだけでは、とても海外の安価な製品とは競争できません。今こそ、環境にも人にも動物にも優しい経営に徹し、消費者に自然・安全・本物の品質を届けるという食にかかわる人間の基本的な使命に立ち返ることが求められています。それによって、まず、地域の、そして日本の消費者ともっと密接に結びつくことが不可欠です。そのことが、安い海外農産物との競争の中でも、国産品が日本の消費者に選択され、ひいては、日本の食品がアジアに販路を見いだすことにもつながります。

　スローフード発祥の地のイタリアでは、いくらでも安い農産物がイギリス等から入ってきてもおかしくないのに、少々高くても、地元の味を誇りにし、消費者と生産者が一体となって、自分たちの地元の食文化を守ろうとする機運が生まれています。こういう関係を生み出さなくてはなりません。

　大規模化や経済効率の追求を否定するつもりは全くありませんが、それが、環境にも人にも動物にも優しく、消費者に自然・安全・本物の品質を届けるという、農業の本来の使命を果たしつつ進められなければ、これからは生き残れない、つまり、本当の意味での経済効率を追求したことにはならない、ということです。

　さらにいえば、こうした議論は、財界と農業界のエゴと利害が

ぶつかり合い、極論が戦わされるのでは、何も解決しません。農業サイドも、農産物貿易の自由化によって、農業や農村や農業関連業者が大きな損失を受けることを訴えがちですが、それだけでは消費者、国民には、農業関係者のエゴとしか映らないのです。また、「農業の多面的機能」といっても、漠然としていれば、「言い訳」に聞こえてしまいます。可能なかぎりの具体的な指標を基に、消費者、国民の皆さんと一緒に「日本に農業・農村はいらないのか」を議論する場をもっとつくるべきです。農業関係者だけで集まって意思確認していてもだめなのです。農業関係者でない人々に、如何に国民全体の将来にかかわる重大問題なのか、ということを説明しなくては意味がありません。そして、一部の人々の短期的な利益のために、拙速な流れを許せば、日本の将来に取り返しのつかない禍根を残すことになりかねないことをわかってもらう必要があります。いまこそ、国民的な議論を尽くすべきときです。

第1章　日豪EPAと日本の食料・農業・農村

　日豪EPA（経済連携協定）をめぐっては、2006年末に、交渉入りの是非を検討する共同研究会報告が出され、2007年4月23日から政府間交渉が開始されました。我が国農産物の重要品目の関税撤廃からの除外や再協議といった柔軟な措置を取り得る可能性は確保しましたが、最終的に、これが確保できなければ、我が国農業、関連産業、地域経済に計り知れない損失を与える可能性があります。これは、「日本に農業はいらないのか」を問いかけるに近い問題であり、農林水産業や関連産業の関係者のみならず、国民全体で議論しなくてはならない問題なのです。

1．最小の利益と最大の損失

　WTOやFTA/EPAによる国際貿易の促進が日本経済の発展を支えてきたことは確かです。しかし、日豪EPAは、これまでのEPAに比べると、
　①すでにオーストラリアの自動車・家電等、鉱工業品の輸入関税が低く、また現地生産も進んでいるため、日本の産業界の利益は最も小さい。
　②オーストラリアから日本への農産物輸出に占める日本側の重

要品目の割合が極めて高く、かつ、1戸当たり耕地面積が2千倍もあるため日本農業との生産性格差は最大であり、なおかつ、安さだけでなく品質も高く、さらには、オーストラリアは否定しますが、輸出余力は大きいため、日本農業及び関連産業への打撃は最も大きい、という特質を持っています。

つまり、鉱工業分野のメリットには最も乏しく、農業及び関連産業のデメリットは最も大きい対象国といえます。

2．従来の手法が適用できない

実は、EPA交渉における「農業悪玉論」が誤解であることは、タイのような農産物輸出国とのEPAでも、農産物に関する合意が他の分野に先んじて成立し、難航したのは自動車と鉄鋼だったということにも示されています(注)。しかし、今回は条件が異なります。

タイの場合には、「協力と自由化のバランス」を重視し、タイ農家の所得向上につながるような様々な支援・協力を日本側が充実することと、日本にとって大幅な関税削減が困難な重要品目へのタイ側の柔軟な対応がセットで合意されました。しかし、先進国であるオーストラリアは援助対象国ではありません。

一般にいわれているのに反して、実は我が国の大多数の農産物関税はすでに非常に低く、品目数で1割強程度の重要品目が高関税なだけです。したがって、重要品目への柔軟な対応を行っても、結果的に品目数ではかなりの農産物をカバーするEPAが可能なのです。柔軟な対応とは、関税撤廃の例外とすることで、完全な除

表1　オーストラリアからの主な輸入農産物

主要品目	単位	2005年			
		数量	金額（千円）	金額シェア	金額シェア
輸入総計			2,706,150,567	100.0	
農林水産物計			604,752,194	22.3	100.0
農産物			473,856,474	17.5	78.4
林産物			82,983,435	3.1	13.7
水産物			47,912,285	1.8	7.9
牛肉（くず肉含む）	KG	412,493,650	199,275,223	7.4	33.0
牛の臓器・舌	KG	20,035,518	30,275,777	1.1	5.0
ナチュラル・チーズ	KG	92,801,473	29,346,746	1.1	4.9
小麦	MT	1,107,053	26,904,397	1.0	4.4
大麦（裸麦を含む）	MT	808,364	18,038,687	0.7	3.0
砂糖	MT	379,629	11,684,039	0.4	1.9
コメ	MT	17,236	1,010,936	0.0	0.2
上記7品目の計			316,535,805	11.7	52.3

出所：農林水産省ホームページ。

外や再協議として協定から外すほかに、メキシコでの豚肉のように、当該国向けに低関税の輸入枠を設定するといった方法があります。しかし、オーストラリアの場合、農産物貿易に占める重要品目の割合が極めて大きい（牛肉、ナチュラル・チーズ、麦、砂糖、コメだけで、オーストラリアからの輸入の5割を超える。**表1**）ため、それらを含めないと貿易量ベースの農林水産物のカバー率が5割を切ってしまうのです（ただし、輸入総額に占める重要品目額は10数％で、これをすべて除外しても90％近いカバー率にはなります）。つまり、従来のような柔軟な対応の余地が極めて少ないのです。

　しかも、同国がこれまで締結したEPAは、関税撤廃の例外品目が非常に少ないのです。例えば、米国との場合、砂糖と主要乳製

品以外は、すべて関税撤廃の対象となりました。米国は、完全除外の砂糖のほかに、主要乳製品はオーストラリア向けの低関税枠の設定・拡大を約束し、関税撤廃は免れましたが、牛肉は最終的には関税を撤廃することになりました。タイとは、乳製品の関税撤廃期限を20年と長期にしましたが、原則すべて関税撤廃を貫きました。

(注)日本国内では、農産物が早く妥結したために、鉄鋼や自動車が難航したという批判もありますが、これも間違いです。例えば、タイの自動車産業が被害を受けるかどうかは、日本の農産物とはまったく関係なく、自動車関税の問題です。彼らは、タイの自動車の輸入関税がゼロになるのは打撃が大きいから受け入れられないと主張したのであり、関税引き下げの緩和と日本からの技術支援が表明されたから、それならば承諾する、ということになりました。仮にも、日本のコメがゼロ関税になったとしても、自動車のゼロ関税を受け入れはしません。つまり、自動車の難航と農産物の早期妥結はまったくの別問題なのです。この点は、外務省の交渉担当者も明言しています。また、韓国と日本のEPAが中断しているのは、表面的には農業問題が原因といわれていますが、最も深刻な問題は、韓国の素材・部品産業の打撃と、それに伴う対日貿易赤字の拡大の懸念です。すなわち、韓国側は、素材・部品の輸入が増えて同産業に被害が出るとともに、対日貿易赤字が拡大することを懸念していますが、日本側は、韓国から中国等への製品輸出がその分伸びるから、対日のみで議論するのはナンセンスだと応答しました。これに関して韓国側は、韓国の素材・部品産業育成への技術協力やそのための基金造成に日本からの支援があれば、素材・部品の日本への依存度が低下し、対日赤字解消と産業育成が可能だと指摘しましたが、日本はこれに対し、韓国はもはや途上国ではなく、それは民間の問題で政府がタッチするところでないと応答し、その姿勢を今も崩していませ

ん。正論かもしれませんが、かたくなな対応はEPA推進の障害となり、結局日本も利益を失います。NAFTA（北米自由貿易協定）成立のためにメキシコからの同様の基金造成要求を受け入れた米国政府の対応とは対照的です。

3. 埋められない土地条件の圧倒的格差

　タイや中国の稲作等の低コストは低賃金によるところが大きいといえます。タイの1戸当たり耕地規模は3.7haで、規模の零細性という点で、日本の1.8haと極端な差はありません。今後、労賃格差が縮まれば、生産性格差は縮まる可能性があります。しかし、オーストラリアの場合は、1戸当たり3,385haと実に1,881倍です。競争によって産業が強くなる側面はおおいに認めますが、残念ながら、このような土地賦存条件の差は、努力で埋められる限度をはるかに超えています。つまり、最大限効率化しても日本農業がオーストラリアとコスト面で競争できる見込みは限りなくゼロに近いのです。規制緩和さえすれば、オーストラリア農業とコスト競争できる日本農業が育つというのは、あまりにも非現実的な幻想です。

　したがって、仮に除外や低関税枠の提供等の柔軟な対応のない日豪EPAが成立したら、日本の米、麦、砂糖、乳製品、牛肉等の国内生産は大きな影響を受けると考えざるを得ません。これまでの研究では、日本産とオーストラリア産が、品質的にあまり競合しないことを想定したモデルにより、日本の国内生産への影響は小さい（5％程度の生産減少）とする試算も出されましたが、それは前提に疑問があることは、常識的に考えればわかります。都

合のよい数値だけで議論するのは、逆にモデルの信頼度を低めてしまいます。

4．国内農業と関連産業への甚大な影響

　オーストラリアの供給余力、輸出余力が小さいというオーストラリア側の説明は、日本側の輸入急増への不安を和らげる意図もあり、とても鵜呑みにはできません。別の機会には、収益性が上昇した場合には、綿羊等からのシフトはかなりフレキシブルで、生産余力は大きいことを強調してきた経緯があります。

　圧倒的な価格差と高品質との競争で、国産麦、砂糖はほぼ消滅、生乳生産も飲用向け対応の500万トン弱に減少し、製糖や乳業を含めた地域経済全体の損失は農産物の損失額の2～3倍に達しかねません。コメも1俵4,000円弱のオーストラリア産米との競争を迫られ、牛肉も38.5％の関税分の170円程度、乳雄や和牛の一部が連動して下がります。関税や調整金収入も消滅する下で、直接支払いによる補填も財源的にパンクします。米・加・EU・タイ等の競合国も黙ってはいません。

①牛肉

　和牛肉の半分（肉質2、3等級）、乳雄肉、オーストラリア産チルド牛肉の価格は、ある価格差を伴って、かなりパラレルに変動しています。このことから、38.5％の関税がなくなった場合には、オーストラリア産チルド牛肉は1kg当たり170円程度下落する見込みですので、まず、乳雄肉も170円程度下落する可能性があります。

牛肉価格
849円/kg　463円/kg

資料：㈱千代田ラフト作成

　今1kg800円台の乳雄肉が600円台に下がることになり、国内生産の6割を占める乳用種肥育経営の再生産可能水準の800円を割り込みます。和牛にも、肉質2、3等級を中心に、それなりの価格低下が生じる可能性があります。農林水産省は、国産乳雄生産のほとんどと和牛生産の3分の1程度が消滅すると見込んでいます。

　オーストラリアの牛肉生産量は日本の35万トン強の約4倍、150万トンあり、輸出量は95万トン（うち日本向け約40万トン）で、それは現在の日本の消費量80万トンより多いのです。1戸当たり経営規模は、1,376頭（日本は30頭）です。

　日本の牛肉輸入の主要国は、オーストラリア90％、ニュージーランド7％（2005年）です。米国のBSE発生前は、米国52％、オーストラリア44％、ニュージーランド2％（2003年）でした。米国がオーストラリア並みの扱いを求めてくるでしょう。

②乳製品
　20円/kg前後の乳価で生産されたオーストラリア乳製品と、関税ゼロで国産の加工向け生乳が競争することは不可能なので、国産

資料：㈱千代田ラフト作成

の加工仕向けは成立しなくなります。飲用向け生乳に、生クリーム用途のうち生乳であることが要求される部分を加えても、国産に対する需要は500万トン程度しかなくなります。総国内消費は生乳換算で1,200万トン程度なので、価格低下による需要の増加を見込まない場合には、差額700万トンがオーストラリアからの輸入に頼ることになります。EUやニュージーランドに対する関税が200％、300％のままですから、すべての輸入はオーストラリアからになり、過去の実績からしてもオーストラリアにその余力はあります。1戸当たり経営規模は、経産牛205頭（日本は北海道48頭、都府県25頭）です。

　日本のナチュラル・チーズ輸入の主要国は、オーストラリア38％、EU31％、ニュージーランド23％（2005年）です。EU、ニュージーランドがオーストラリア並みの扱いを求めてくるでしょう。

③コメ
　オーストラリア産米は中粒種で品質もよいので国産との競合度

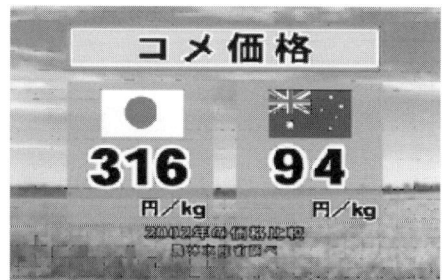

資料：㈱千代田ラフト作成

は高いのです。ただし、オーストラリアのコメ生産量は過去最大でも130万トン程度（玄米換算）で、日本の総消費は約900万トンですから、影響の大きさは、どれだけ増産できるかに依存します。オーストラリア産米のCIF（日本の港での）価格は1俵（60kg）当たり3,600円程度です。日本産の生産者手取り米価は、かなり下がったとはいえ、12,000円程度ですから、関税ゼロで、国産米がオーストラリア産米と競争することは不可能であり、米価のかなりの下落が生じる可能性はあります。その程度によっては、ゲタで補填するにも財源がパンクする可能性があります。1戸当たり経営規模は、67ha（日本は0.8ha）です。

日本のコメ輸入の主要国は、米国32万トン、タイ14万トン、中国9.2万トン、オーストラリア7.3万トン（2004年）です。米国、タイ、中国がオーストラリア並みの扱いを求めてくるでしょう。

④小麦

価格は大幅に安く（国産147円/kgに対してオーストラリア産31円）、品質は上ですから、国産小麦90万トン弱はほぼ壊滅するで

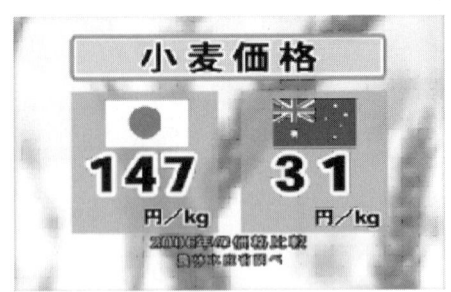

資料：㈱千代田ラフト作成

しょう。現在、米国、カナダから輸入している分を含めて、日本の小麦消費量600万トン強のほとんどを供給するだけの生産（2,500万トン）、輸出力（1,600万トン）を有しています。1戸当たり経営規模は、697ha（日本は2.4ha）です。

　日本の小麦輸入の主要国は、米国55％、カナダ25％、オーストラリア20％（2005年）です。米国、カナダがオーストラリア並みの扱いを求めてくるでしょう。

⑤砂糖

　砂糖に品質差はありませんから、オーストラリア産の粗糖、精製糖のみから関税と調整金が外されれば、てんさい糖で2.6倍、かんしゃ糖で8.4倍ある内外価格差の下で、砂糖輸入のすべてがオーストラリア産になり、北海道や沖縄の国産糖は壊滅するでしょう。

　日本の砂糖消費は約200万トンで、国産は約90万トンです。オーストラリアの生産は500万トン強、輸出400万トン強ですから、日本の需要をすべてオーストラリアでまかなえます。さとうきびの経営規模は、農民1人当たり42.3ha（日本は1戸当たり0.8ha、て

資料：㈱千代田ラフト作成

んさいは6.6ha）です。

　日本の砂糖輸入の主要国は、タイ43％、オーストラリア29％、南アフリカ16％（2005年）です。タイがオーストラリア並みの扱いを求めてくるでしょう。

　これらをまとめた農林水産省等の試算結果は、**表2**のとおりです。北海道庁も北海道についての独自の試算を公表しており（**表3**）、これらは、地域経済を含めた影響の甚大さを如実に物語っています。ただし、これでもまだ過少推計の可能性があります。なぜなら、オーストラリアと競合する輸出国が日本に対して同様の待遇を求めてきて、それに何らかの対応をした場合、影響は、オーストラリアからの輸入増だけではすまないからです。

　なお、重要品目の中で、酪農関連の損失が最大と見込まれています。農林水産省によれば、国内生乳生産の44％が失われ、その損失額は2,900億円、北海道庁によれば、乳業や地域への波及的な影響も考慮すると、北海道における酪農関連の損失額は、実に8,657億円にも及ぶと試算されています。ここで、留意いただきた

表2　日豪EPAによる国内生産の減少額の推計（農林水産省等による試算）

	生産減少額	備考	追加的な補填必要額
小麦	▲1,200億円	（▲99%）	1,000億円（品目横断的経営安定対策の財源不足）
砂糖	▲1,300億円	（▲100%）（てん菜糖・甘しゃ糖計）	630億円（調整金収入の減少） 670億円（てんさい、さとうきび対策の財源不足）
乳製品	▲2,900億円	（▲44%）（生乳）	900億円（加工原料乳価補填）
牛肉	▲2,500億円	（▲56%）	300億円（肉牛経営の損失補填） 800億円（牛肉関税財源の減少）
コメその他	▲6,000億円		計 4,300億円
計	▲14,000億円		
関連産業・地域経済の損失	▲16,000億円		
計	▲3兆円		
自給率	40%→30%		

注：小麦、砂糖、乳製品、牛肉については農林水産省。それ以外は自民党による。また、4,300億円の内訳は、日本農業新聞2006.11.18によるもので、農水省の公表値ではない。

いのは、北海道の酪農家は、このような損失を回避するために、都府県への飲用向け販売に活路を見いださねばならなくなりますから、実際には、このような大きな損失が北海道に発生するのではなく、都府県の酪農地帯で発生することになるであろう、ということです。

　さらには、関連産業や地域経済への波及的な影響の大きさにも注目する必要があります。特に、酪農や砂糖原料作物については、乳業工場や製糖工場の産出額が大きいので、関連産業を含めた場合、地域全体への影響額は、農業生産額の2～4倍程度の波及倍率を持つことが、従来の推計でも指摘されていました。

　今回、全国、北海道に加えて、多くの県が影響試算を行ってい

表3　日豪 EPA が北海道経済に与える損失
（億円、北海道庁による試算）

品　目	項目	損失額
肉牛	生産	422
	屠畜場	34
	その他	529
酪農	生産	2,369
	乳業工場	3,176
	その他	3,112
小麦	生産	852
	製粉工場	179
	その他	508
てんさい	生産	813
	製糖工場	1,025
	その他	697
合計		13,716

注：その他の影響には、運輸業やサービス、商業、金融、ガス、通信、建設等を含む。
資料：日本農業新聞 2006.11.29 から転載。

ますが、その中で、全国、北海道、鹿児島県の波及倍率を計算しますと、

	農業損失額	関連産業を含む総損失額	波及倍率
全国	1.4兆円	3兆円	2.14
北海道	4,456億円	13,716億円	3.08
鹿児島県	558億円	1,727億円	3.09

となっており、全国ベースでの波及倍率が、ほぼ2倍なのに対して、北海道、鹿児島県では、ほぼ3倍となっており、原料作物の生産量の多い地域、また、農業が地域経済に占めるウエイトが大きい地域への波及的影響が大きくなることが、試算値にも鮮明に表れています。

5．日本に農業はいらないか

　オーストラリアとの間で自由化を徹底することと日本農業不要論はほぼ同義であります。今こそ、日本に農業がいらないかどうか、国民的議論が必要です。

　日本農業・関連産業への打撃が大きく、農家や関連産業従事者が困るから日豪EPAが問題だというだけでは、国民に対して十分な説得力を持ちません。食料が安くなれば消費者の利益が大きいからいいではないかという反論が返ってくるでしょう。そこで、すでに食料の海外依存度60％の市場開放国が、最後に残された基幹作物の国内生産の大半を失うことの社会的コストの大きさを忘れてはならないことを、国民全体の問題として理解してもらわねばなりません。

①日本農業が非難されるのは誤解

　我が国は高い国境の防波堤と国内での手厚い価格支持政策に支えられた農業保護大国であると内外から批判されがちですが、国境の防波堤が高いというのも、手厚い価格支持政策に依存しているというのも、いずれも間違いです。

　我が国の農産物の平均関税率は12％であり、農産物輸出国である欧州連合（EU）の20％、タイの35％、アルゼンチンの33％よりも低いのです（図1）。品目数で農産物全体の1割程度を占める最重要品目を除くと、野菜の3％に象徴されるように、他の農産物関税は相当低く、いわば、コメ・乳製品・肉類等、わずかに残さ

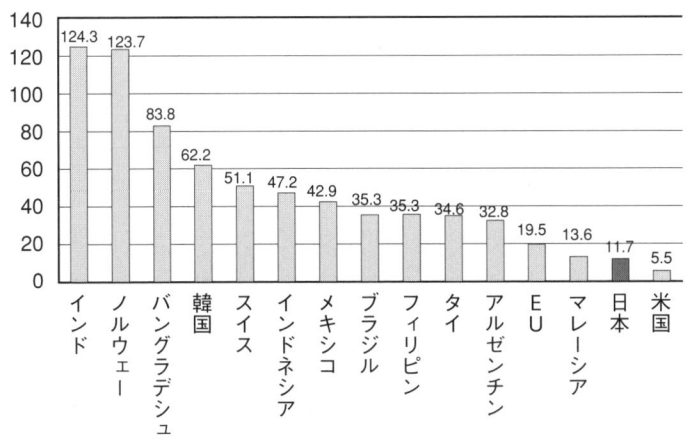

図1　主要国の農産物平均関税率

注：1）タリフライン毎の関税率を用いてUR実施期間終了時（2000年）の平均関税率（貿易量を加味していない単純平均）を算出。
2）関税割当設定品目は枠外税率を適用。この場合、従量税については、各国がWTOに報告している1996年における各品目の輸入価格を用いて、従価税に換算。
3）日本のコメのように、1996年において輸入実績がない品目については、平均関税率の算出に含まれていない。

出所：OECD「Post-Uruguay Round Tariff Regimes」（1999）.

れたものを守ろうとしているだけのけなげな姿なのです。

　国内保護政策についても、コメや酪農の政府価格を世界に先んじて廃止しましたから、我が国の国内保護額は絶対額でみてもEUや米国よりはるかに小さく、農業生産額に占める割合で見ても米国と同水準です（**表4**）（しかも、米国は酪農の保護額を実際の4割しか申告せずに、表に出ない保護を温存しています）。

　消費者の求める品質・安全性に応えるべく国内生産者が努力した結果である「国産プレミアム」が、国際的な保護指標では、「非関税障壁」による内外価格差として算入され、国内外で誤用され

表4　日米欧の国内保護比較

	削減対象の国内保護総額	農業生産額に対する割合
日本	6,418億円	7%
米国	17,516億円	7%
EU	40,428億円	12%

資料：農林水産省ホームページ。

ているため、保護により内外価格差が生じているとの誤解を生み出しています。例えば、スーパーで大分産のねぎ1束（3本）が158円、中国産が100円で並べて販売されている場合、これを、大分産の158円のねぎに対して中国産ねぎが58円安いとき、日本の消費者はどちらを買っても同等と判断していると解釈しますと、この58円が大分産ねぎの「国産プレミアム」といえます。これは努力の結果で保護の結果ではありません。

　最終的に、我が国の市場開放度の高さは、食料カロリーの海外依存度が60％という事実が端的に物語っています。

②自給率30％になったら独立国家といえるでしょうか？

　日豪EPAによる米、麦、砂糖、乳製品、牛肉等の関税撤廃で、食料の海外依存度は70％まで上昇するとの試算もありますが、30％というような食料自給率の水準は、国家としての危機管理上、重大なリスクだということは、多くの国民に共有できる認識ではないでしょうか。しかも、自給率はもっと下がる可能性もあります。なぜなら、先述のように、オーストラリアと競合する輸出国が日本に対して同様の待遇を求めてきて、それに何らかの対応をした場合、影響は、オーストラリアからの輸入増だけではすまないからです。結局、オーストラリアに関税撤廃を行うことは、世

界全体に対して関税撤廃していく道筋に乗ることを意味します。つまり、それは、農産物貿易自由化の工程表を示すべしとする経済財政諮問会議のワーキング・グループ会合で農林水産省が提出した試算のように、世界に対する全面的な国境措置の撤廃により自給率は12％になるという状況に近づいていくことです（現在、官邸周辺で進行中の議論の事の重大性も改めて認識していただきたいのです）。

　30％、さらにはそれを下回るような自給率は、他の欧米先進国ではとうてい許容できない水準であることはまちがいありません。例えば、アメリカのブッシュ大統領は、近年、アメリカの農家向けの演説で、食料自給率と国家安全保障の関係について、しばしば言及しています。まず、Australian Financial Review誌によると、2001年1月に、「食料自給は国家安全保障の問題であり、それが常に保証されているアメリカは有り難い」（It's a national security interest to be self-sufficient in food. It's a luxury that you've always taken for granted here in this country.）、7月には、FFA（Future Farmers of America）会員に対して、「食料自給できない国を想像できるか？　それは国際的圧力と危険にさらされている国だ」（Can you imagine a country that was unable to grow enough food to feed the people? It would be a nation that would be subject to international pressure. It would be a nation at risk）、さらには、2002年初めには、National Cattlemen's Beef Association会員に対して、「食料自給は国家安全保障の問題であり、アメリカ国民の健康を確保するために輸入食肉に頼らなくてよいのは何と有り難いことか」（It's in our national security interests that we be able to feed ourselves. Thank goodness, we don't have to rely on somebody else's meat to make sure our people are healthy and well-fed.）といった具合です。まるで日本を皮肉っているような内容です。

　また、特に、欧米で我が国のコメに匹敵する基礎食料の供給部門といわれる酪農については、「欧米で酪農への保護が手厚い第一の理由は、ナショナル・セキュリティ、つまり、牛乳を海外に依存したくないということだ。」（コーネル大学K教授）、「生乳の腐敗性と消費者への秩序ある販売の必要性から、米国政府は酪農を、ほとんど電気やガスのような公益事業として扱ってきており、外国によってその秩序が崩されるのを望まない。」（フロリダ大学K教授）といった見解にも示されているように、国民、特に若年層に不可欠な牛乳の供給が不足することは国家として許さない姿勢が見られます。したがって、米豪FTAにおいても、低関税枠は設けましたが、関税撤廃品目から乳製品は除外されました。我が国の牛乳・乳製品の自給率は、現状でもすでに70％を割り込んでいますが、これは欧米諸国の人々の感覚では、とうてい許容できないほど低い水準と思われます。

　米国では、酪農が公益事業と称される一方で、かたや、我が国では、医療と農業が、規制緩和を推進する人々の現在の「標的」となっており、医療についても、すでに、農村部の医療の「担い手」不足の深刻化等、医療の崩壊現象が日本社会に重大な問題を提起し始めています。医療と農業には、人々の健康と生命に直結する公益性の高さに共通性があり、そうした財・サービスの供給が滞るリスクの大きさがないがしろにされつつあります。

さらには、米国をはじめ各国が、エネルギー自給率の向上がナショナル・セキュリティに不可欠だとの認識を強めているという現実は、「いわんや食料自給率においてをや」（まして食料自給率については言うまでもない）といえるでしょう。我が国は、エネルギー自給率、食料自給率の両面で、すでに各国に大きく離された低水準にあることを、改めて認識する必要があるでしょう。

　また、アジア全体での食料安全保障という議論には２つの異なる視点がありますので、注意が必要です。１つは、日本でコメを作らなくても中国で作ればよいという視点ですが、もう一つは、各国が一定の自給率を確保した上で、備蓄等で調整するという内容です。EU（欧州連合）も、あれだけの域内統合を進めながらも、まず各国での一定の自給率の維持を重視している点に留意すべきです。日豪EPAについても、EPAを結んだから、日本で食料生産しなくても、オーストラリアが安定供給してくれる、というような楽観的な考え方は間違っています。食料の輸出規制条項を削除したとしても、食料は自国を優先するのが当然ですから、不測の事態における日本への優先的な供給を約束したとしても、実質的な効力を持たないでしょう。

③国民の健康への不安

　次に、農業の縮小は健全な国土環境と国民の健康にかかわる国民全体の問題だということを認識する必要があるでしょう。窒素負荷を例にして、極端な事態を想定すればわかりやすいでしょう。食料貿易の自由化が徹底され、日本から農地が消え、すべての食料は海外から運ばれてくるとします。農地の一部は原野に戻るか

表5　我が国の食料に関連する窒素需給の変遷

			1982	1997
日本のフードシステムへの窒素流入	輸入食・飼料	千トン	847	1,212
	国内生産食・飼料	千トン	633	510
	流入計	千トン	1,480	1,722
日本のフードシステムからの窒素流出	輸出	千トン	27	9
日本の環境への窒素供給	輸入食・飼料	千トン	10	33
	国内生産食・飼料	千トン	40	41
	食生活	千トン	579	643
	加工業	千トン	130	154
	畜産業	千トン	712	802
	穀類保管	千トン	3	3
	小計	千トン	1,474	1,676
	化学肥料	千トン	683	494
	作物残さ	千トン	226	209
	窒素供給計（A）	千トン	2,383	2,379
日本農地の窒素の適正受入限界量	農地面積	千ha	5,426	4,949
	ha当たり受入限界	kg/ha	250	250
	総受入限界量（B）	千トン	1,356.5	1,237.3
窒素総供給/農地受入限界比率	A/B	％	175.7	192.3

資料：織田健次郎「我が国の食料供給システムにおける1980年代以降の窒素収支の変遷」農業環境技術研究所『農業環境研究成果情報』、2004年に基づき、筆者作成。鈴木宣弘『食料の海外依存と環境負荷と循環農業』筑波書房、2005年参照。

もしれませんが、農業を離れた人々が他産業で従事しますから、多くの土地が他産業に使用され、日本は製造業とサービス業の国になります。

　そうすると、海外から食料として入ってくる窒素と国内の産業活動から排出される窒素を、最終的に受け入れる農地や自然環境が少ないため、窒素需給は大きな供給超過になります。

　今でも、農地で循環可能な量の2倍近い食料由来窒素が環境に排出され（**表5**のA/Bの値）、世界保健機関の基準値を大きく上回

郵 便 は が き

1620825

おそれいりますが、50円切手を貼ってお出しください

（受取人）
東京都新宿区神楽坂2-19
銀鈴会館内

㈱ 筑波書房 行

ふりがな 御氏名	（年齢　　歳）
御住所（〒　　　　）	
勤務先・御職業	

愛読者カード

○このたびはお買い上げ下さいましてありがとうございました。今後の出版企画等の参考にさせていただきたいと存じますので、お手数ですがご記入のうえご投函下さい。

☆お買い上げいただいた書籍名

(　　　　　　　　　　　　　　　　　　　　　　　　)

☆お買い求めの動機

(1) 書店でみて　(　　　　　市町　　　　　　書店　)
　　　　　　　　　　　　　 郡村　　　　　　生協
(2) 広告をみて　(　　　　　紙〔誌〕　　　　　月〔号〕)
(3) 書評を読んで (　　　　 紙〔誌〕　　　　　月〔号〕)
(4) 推薦されて　　　(5) その他

☆本書についてのご意見・ご感想

☆今後の発行書についてのご希望（テーマや著者など）

☆本書に関心をお持ちになりそうな方をご紹介下さい。

表6　世界保健機関の一日当たり許容摂取量（ADI）に
対する日本人の年齢別窒素摂取量

	1〜6歳 体重 15.9 kg	7〜14歳 体重 37.1 kg	15〜19歳 体重 56.3 kg	20〜64歳 体重 58.7 kg	65歳以上 体重 53.2 kg
摂取量（mg）	129	220	239	289	253
対ADI比（％）	218.5	160.1	114.8	133.1	128.4

注：硝酸態窒素の ADI＝3.7mg/日/kg 体重（硝酸イオンとして）。
出所：農林水産省ホームページ。

る窒素摂取が日本で進んでいます（**表6**）。こういう中で、ブルーベビー症（乳児が重度の酸欠状態になる症状）、消化器系がん、糖尿病、アトピー等との因果関係が不安視され、酸性雨、地球温暖化の原因にもなっています。日豪EPAは、この事態をさらに悪化させるのです。また、そもそも、いくら経済的に豊かになっても、田園も牧場もない殺伐とした社会に人が暮らせるでしょうか。

　つまり、農の営みは健全な国土環境と国民の健康を守る大きなミッション（社会的使命）を有しているのであり、農業関係者も産業界も国民も改めてこの点を再認識する必要があります。日本の農業自体も、もっと環境に配慮しなければ、人々の健康を蝕んで、「殺人者」と変わらなくなってしまうということでもあります。農業が環境を汚しているから、自由化して縮小すればよいというのは間違いであり、農業がいらないのではなく、農業を如何に資源循環的な形で維持・発展できるかが重要なのです。

6．重要品目への柔軟な対応の正当性

　重要品目への柔軟な対応は、経済学的視点からも正当性が認められます。高関税の農産物をFTAから除外することは、農家のエゴではなく、仲間はずれにされる域外国の損失を緩和し、日本全体にとってもむしろ利益が増加する試算結果が多く得られていることに注目すべきです。

①域外国の損失の緩和

　EPAは特定国家間のみに有利な条件を与える差別的な経済統合ですから、貿易転換効果（効率的な域外国からの輸入が非効率な域内国からの輸入に取って代わる）によって、排除された域外国が損失を被り、世界の経済厚生を低下させる可能性があります。例えば、NAFTA（北米自由貿易協定）が域内貿易比率を高めたことがしばしば肯定的に紹介されていますが、それは、取りも直さず日本等の域外国が閉め出されたというEPAの弊害に他なりません。

　表7には、仮に、日タイEPAまたは日韓EPAが実施され、ゼロ関税となった場合に、近隣の主要な域外国が受ける損失額がGTAPモデル（EPAの効果試算に最もよく使われる一般均衡モデル）で試算されていますが、その隣の欄には、高関税のセンシティブ品目を除外したEPAの方が、全品目をゼロ関税とした場合よりも、域外国の経済厚生の損失が小さくなることが示されています。高関税品目を特定の相手だけにゼロ関税にすると、貿易転

表7　日タイ、日韓EPAによる各国の得失とセンシティブ品目除外効果
（百万ドル）

	日タイEPA		日韓EPA	
	例外品目なし	センシティブ品目除外	例外品目なし	センシティブ品目除外
日本	373	1,034	750	1,260
タイ	2,493	1,213	−113	−105
韓国	−232	−189	2,021	1,578
中国	−334	−231	−306	−278
香港	−96	−51	−12	−7
台湾	−216	−194	−112	−106
インドネシア	−99	−75	−76	−69
マレーシア	−175	−140	−77	−76
フィリピン	−51	−47	−30	−29
シンガポール	−234	−196	−52	−53
ベトナム	−10	−17	−18	−16
オセアニア	−49	−70	−130	−119
南アジア	−50	−37	−18	−15
カナダ	−9	13	−13	−6
アメリカ	−643	−528	−588	−575
メキシコメ	0	11	11	15
中南米	−27	−58	−127	−115
ヨーロッパ	−681	−446	−287	−270
その他	−116	−131	−338	−323

注：センシティブ品目は、日タイではコメ、砂糖、鶏肉。
日韓ではコメ、生乳、乳製品、豚肉。
デンプンはデータ制約により含まれていない。
資料：鈴木宣弘編著『FTAと食料』筑波書房、2005年、試算は第9章川崎稿。

換効果の弊害が最大化されるのです。つまり、EPAの差別性の弊害を抑制するため、できる限り多くの品目をEPAに含めるべきとするのがGATT24条ですが、実は、それを忠実に実施したEPAの

方が、逆に貿易転換効果の弊害を増幅させるという自己矛盾を抱えています。

②高関税の農産物を除外した方が日本全体の利益は高まる

さらに、表7の試算結果で、日タイ及び日韓EPAにおいて高関税のセンシティブ農産物を含めない方が日本の経済厚生の増加は大きいことに注目していただきたいのです。高関税の農産物を最低限の開放にとどめることは農家のエゴではなく、日本国全体の「国益」に合致していることを示しています。これは、貿易転換効果の帰結の可能性であるとともに、世界的にも高関税と輸出補助金によって国際価格が非常に低く歪曲されている農産物貿易では、保護撤廃による国際価格の上昇は大きいため、国際価格の上昇により、関税収入の喪失と生産者の損失の合計が消費者の利益を上回り、国全体の経済厚生が悪化する可能性があるからです。

以上のように、高関税の農産物を除外ないし最低限の開放（相手国向け低関税枠＝輸入機会の設定等）にとどめることは、域外国及び世界全体の経済厚生の損失を緩和し、しかも、日本全体の「国益」にも合致する可能性があります。

7．オーストラリアのかたくなさ

表面的な柔らかい態度に隠されたオーストラリアの様々な面でのかたくなな対応には警戒が必要です。それは、
①先述のとおり、同国がこれまで締結したEPAでは、原則すべ

て関税撤廃を貫いてきたこと、

②実現可能性を検討した共同研究会報告書で、意見の一致がみられなかった点について、日本側がこう主張した、という事実の記述の一部（例えば、センシティブ品目名の列挙）さえ拒んだという過去に例のない、かたくなな対応がみられたこと、

③世界で最も競争力があり、農業保護が少ないといわれるオーストラリアですが、実は、隠れた輸出補助金で輸出を促進しており、しかも、他の国々には保護削減を厳しく求める一方で、自らの補助金についてはデータの提供さえ拒否して、WTOでの2013年までの撤廃対象の輸出補助金に組み入れられることに徹底抗戦している（図2参照）、等です。

これらを総合すると、自己に都合のよい理由を並べて、結局は、強硬に自由化を迫ることは間違いなく、日本のコメ、麦、砂糖、乳製品、牛肉等の重要品目のすべてを柔軟な対応で凌ぐことは非常に困難な交渉を乗り切らねばならないことになるでしょう。

なお、いまオーストラリアがアジアで重視している国は、日本でなく中国であるという指摘がありますが、これは確かに実感であり、よく認識しておく必要があるでしょう。2006年12月に、筆者はオーストラリアでランダムに15人の人に、「オーストラリア経済の持続的発展にとって最も重要なアジアの国はどこか」というアンケートを対面で実施しましたが、日本人の筆者が立ち会っているにもかかわらず、13人が中国に○をしました。単独で日本と回答したのは、わずかに1人でした。EPAを締結すれば、鉄や石炭を優先的に日本に回してくれるというのは甘い見通しといわざるを得ません。

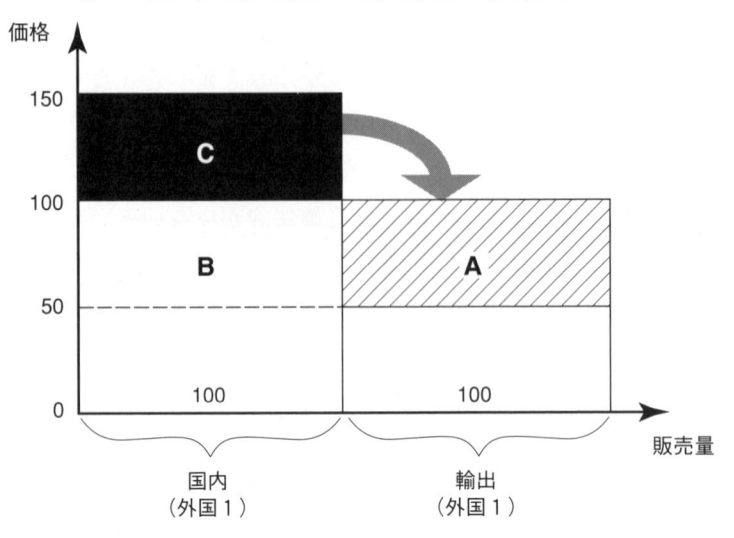

図2 様々な輸出補助金の形態と輸出補助金相当額（ESE）

A ＝撤廃対象の「通常の」輸出補助金（政府=納税者負担）
A+B＝米国の穀物、大豆、綿花（全販売への直接支払い）
B+C＝EUの砂糖（国内販売のみへの直接支払い）
C ＝カナダの乳製品、豪州の小麦、NZの乳製品等
　　（国内販売または一部輸出の価格つり上げ、消費者負担）
　　いずれも輸出補助金相当額（ESE）＝5,000。

資料：鈴木宣弘作成。木下順子・鈴木宣弘「輸出国家貿易による「隠れた」輸出補助金効果について－その経済学的解釈と数量化手法の提案－」、『農林水産政策研究所レビュー』No.3、2002年、pp.18-27、参照。

8．冷静にギリギリの現実的妥協点を探る

　日豪両国にとって友好関係の維持・強化が不可欠であり、そのためのEPAがそれに逆行することになっては両国に得るものはありません。バランスのとれた現実的妥協点を探らねばなりません。そのためには、双方の利益をバランスさせるための何らかの取引条件を見いだすことも求められます。オーストラリアにも冷静な対応を期待したいものです。

　我が国としては、一部の人々の短期的な利益のために、国民の将来が危機にさらされるような愚を避けねばなりません。農業と関連産業のエゴで反対しているわけではないことを、経済界や消費者の皆さんも含めて、国民全体に理解してもらうことが、バランスのとれた適切な方向を見いだすために不可欠です。

　もう一度、確認しておきましょう。貿易自由化を含めて、規制緩和さえすれば、すべてがうまくいくというのは幻想です。とりわけ、食料生産についても、貿易自由化で競争にさらされれば、強い農業が育ち、食料自給率も向上するというのは、あまりに楽観的です。土地賦存条件に依存する食料生産には、努力では埋められない格差が残ります。日本の農家1戸当たり耕地面積が1.8haなのに対してオーストラリアのそれは3,385haで、実に約2,000倍であることの意味を考えていただきたい。

　このような努力で埋められない格差を考慮せずに、規制緩和がすべてを解決するという発想で貿易自由化を進めていけば、競争力が備わり、自給率が向上する前に、国内の食料生産が壊滅的な

打撃を受け、自給率は限りなくゼロに近づいていくでしょう。これは、海外依存度が90％前後に高まった麦や大豆の歴史を見ても、容易に想像できることです。

それならば、関税でなく、直接支払いで補填すればよく、そのほうが経済厚生のロスが小さいから、そうすべきだとの見解がありますが、概算でも直接支払いに必要な費用は毎年数兆円規模になる可能性が高く、そのような財源を現状の日本の財政事情が許すとは思えませんし、また、国民にも負担感が大きすぎるでしょうから、これもまた空論に近いのです。

十分な補填財源の見通しもないまま、関税撤廃を強行していけば、一部の製造業等は当面の利益をさらに拡大できるでしょうが、その一方で、現状でも世界的にも極端に低い40％の我が国のカロリーベースの食料自給率がさらに30％、20％、10％へと低下していき、もはや独立国家としてのナショナル・セキュリティを維持できないようなことになりかねません。国民はこれを許容できるでしょうか。

食料貿易の自由化は、一部の輸出産業の短期的利益や安い食料で消費者が得る利益（狭義の経済効率）だけで判断するのではなく、土地賦存条件の格差は埋められないという認識を踏まえ、極端な食料自給率の低下による国家安全保障の問題、地域社会の崩壊、窒素過剰による国土環境や人々の健康への悪影響等、長期的に失うものの大きさを総合的に勘案して、持続可能な将来の日本国の姿を構想しつつ、バランスのとれた適切な水準を見いだすべき問題です。

なお、農家の皆さんは、このような流れに直面して、大変なこ

とになるだろうからと、けっして意気消沈したり、悲観的にならないでほしいのです。某省は、北海道の農業者に、「7年後には関税が撤廃される約束になっている」といったたぐいの、農家を意気消沈させ、離農を促進するようなうわさを流す情報操作を行っているとも聞きます。そういうものに耳を傾けてはなりません。大変なことにならないよう、明るい未来を見いだすために、議論していることを忘れないでほしいのです。

第2章　日豪EPAの前に考えるべきこと

1．アジアの連携強化の重要性

　2005年5月に東京で開催された第11回国際交流会議「アジアの未来」（日本経済新聞社主催）では、東アジア諸国の閣僚クラスが集結して、「東アジア共同体構想は『夢』から『具体論』の段階に入った」（日本経済新聞、2005年5月27日）と総括されました。その前年の第10回会合当時には予想できなかったほど、構想は急速に具体化してきていたのです。

　ところが、その後の議論は、大方の期待を裏切って進んでいません。2007年5月の第13回会合でも、取り込むべき国・地域の範囲についての見解の相違が語られるにとどまりました。「東アジア共同体」構想に代表される、アジアを中心とする地域貿易協定（RTA）のアイデアは、各所で様々に提唱されているのですが、いずれも、まだ入り口論や総論の域を脱していないのが現状です。

　確かに、アジアの共同体構想を実現させるためには、詰めるべき問題が山積しています。しかし、それ以前に、同構想の具体的イメージが、それを語る人によってまちまちであり、特に、参加国の範囲について様々な案が出されて揉み合っているために、具体的議論へと踏み込めなくなっているのです。中国やASEAN（東

南アジア諸国連合）諸国が原案として示した参加国範囲は、「ASEAN+3（日中韓）」でした。これに対して日本政府は、中国との主導権争いを意識しつつ、米国の意向も尊重せざるを得ない立場から、「ASEAN+3」に「オーストラリア・ニュージーランド・インド」を加えるべきという案を出しています。さらに米国は、「APEC（アジア太平洋経済協力会議）21カ国」案を持ち出して、議論を拡散させてしまいました。

　参加国の範囲を広げすぎると、議論がますます複雑になり、前へ進めません。「APEC21カ国」ともなると、実現がほとんど遠のいてしまうのは明らかです。したがって、米国がこの案を出したのは、その実現を真剣に考えているからではなく、議論の進捗を遅らせるのが目的だと認識したほうがよいと思われます。急成長するアジア市場へ進出さなかの米国にとっては、もしアジアの経済連携が早期に実現すれば、将来にわたってアジアから得られる利益が大幅に損なわれかねないと懸念するのも当然です。そうした見方からいえば、韓米FTA（自由貿易協定）も、東アジアの結束を切り崩す米国の戦略の一環と捉えることもできます。

　米国や欧州は、NAFTA（北米自由貿易協定）やEU（欧州連合）を強化して、足場を固めた上で行動しています。多国間協議を大前提とするWTO（世界貿易機関）の議論も、大詰めに近づくと、米国とEUが、日本や韓国を抜きにして水面下で手を結び、話が決まってしまうことが繰り返されてきました。この事実だけをとってみても、米州圏や欧州圏に対する政治経済的カウンタベイリング・パワー（拮抗力）として、アジアの結束を早急に確立することには大きな意義があります。

また、日本が国際社会におけるプレゼンスを今後とも高めていくには、持続的な日本の経済発展を維持することが不可欠です。そのためにも、急成長する近隣諸国と、共存共栄の関係を築くことが重要なのです。したがって、日本の経済連携戦略は、基本的に、アジア圏の強化を優先課題にするべきと思われます。逆に、韓米FTAができたからといって日本が浮き足立ち、日本も米国との交渉を拙速に進めようとしていては、アジアは欧米の「草刈り場」になりかねません。

2. アジアの連携は、まず「ASEAN+3」から

　いまだに議論が錯綜しているアジア共同体構想に突破口を開くには、参加国の範囲をまずはASEAN+3とし、その妥結後に徐々に参加国を増やすのが順当ではないでしょうか。EU圏が長い年月をかけて拡大してきた歴史的展開をみても、まず小さな共同体から始めることの合理性は疑えないでしょう。また、後段でも述べるように、アジアのセンシティブな問題である農業が、ある程度の共通性を持つ範囲としても、ASEAN+3、ないし、それにインドを加えたASEAN+4を、当面の参加国範囲とするのが望ましいと考えられます。

　一部の見解では、日本との歴史問題等が障壁になって、ASEAN+3でも難しいといわれています。しかし、この泥沼化したような政治問題でさえ、実際に経済交流が深まるほど、解決への道が開けてくるものだと、私は期待しています。経済的な共通目標を持ち合う国々の間では、その達成のために、相互理解や平

表8　農家1戸当たり耕地面積 (ha)

日本	1.8
中国	0.5
台湾	1.17
タイ	3.7
インド	1.4
米国	197
カナダ	250
豪州	3,385
EU	18.7
ドイツ	36.3
フランス	42
イギリス	67.7

資料：農林水産省ホームページ等。

和が不可欠になるのです。

　また、東アジアの国々でも文化や風土等が極めて異質だという議論もありますが、東アジアの農村を訪れた日本人の多くが感じるという「なつかしさ」は、むしろ欧米や新大陸よりも本質的な共通性が多いことを思わせます。特に、零細な稲作経営をベースとする東アジア農業の共通性は、他の地域にはない固有の特色として重要です。例えば、タイの農家1戸当たり耕地面積は3.7haと、日本とそれほど差がありませんが、畑作中心のオーストラリアのそれは約3,400haもあり、日本や東アジア諸国の規模とは、実に3桁も違っています（表8）。これほど大きな土地賦存条件の格差は、残念ながら、政策や農家の努力で埋められる限度をはるかに超えています。つまり、オーストラリア等の新大陸型輸出国は、将来的にも勝負できる相手ではないのです。これに対して、日本と東アジア諸国との農業生産コストの格差は、労賃格差によるところ

が大きいため、長期的には格差が縮小することも、全く見込みのない話ではありません。

　規制緩和や自由貿易によって、産業が切磋琢磨される側面は、確かに重要です。ただし、同じ土俵に立てる相手との公正な競争があってこそ、初めて産業は強くなれるのです。特に近年の日豪EPA推進議論は、この点を忘れているように思われます。もし、日本にも他のアジア諸国にも農業はいらないというのなら話は別ですが、かつて日本でそうした国民的議論がなされたことはありません。独立国家として確保すべき食料自給率はどれくらいかという問題や、農業の衰退によって国土保全や環境への負荷が如何に深刻化するかという問題についても、国民によって十分に話し合われたことはまだないのです。そのような段階で、オーストラリアや米国等の圧倒的輸出力の下に、東アジアの農業をさらすようなRTAを、拙速に進めるべきではないし、実際に交渉が前進するとも思えません。したがって、米国の「APEC21カ国」案はもとより、オセアニアを加えようとする日本案も、少なくとも当初の参加国範囲としては現実的ではないのです。

　また、東アジア共同体構想の実現には、日本と中国の協力関係が必須の要素であることは、誰もが首肯するところでしょう。にもかかわらず、両国が主導権争いに腐心している現状では、共同体構想の具体化は望めません。経済立国である日本の国際戦略としても、隣国との友好関係と共存共栄の内に、日本の長期的・持続的繁栄という「国益」があるということを、忘れてはならないと思います。

3. 自由化利益再分配メカニズムの提案

　先に述べたとおり、アジアにおけるRTAの参加国範囲は、零細稲作経営という固有性と共通性とを持つASEAN+3からスタートさせるのが望ましいと考えられます。しかしながら、現状ではまだ労賃格差があまりにも大きいという問題があり、もし現時点で関税ゼロが適用されれば、日本の農業が壊滅的な打撃を受けることは間違いありません。

　しかし、打撃を受けるのは日本の農業だけではなく、韓国では素材・部品産業、マレーシアやタイでは自動車産業等が、大きな打撃を受けるでしょう。共通点が多いとされる東アジアでも、それぞれの国が、利益を得るセクターと不利益をこうむるセクターとの両方を抱えています。したがって、センシティブ・セクターを完全に例外扱いにすることは、なかなか難しいのです。

　また、互いのセンシティブ・セクターへの配慮のみでは、カバーしきれない影の部分もあります。例えば、農産物貿易を自由化しても、寡占的な加工・輸出業者や大規模農場主等に利益が集中し、東アジア農村の貧困解消には必ずしも結びつかず、逆に貧困人口や所得格差を拡大させる可能性が懸念されます。さらに、カンボジアの年間1人当たりGDPは、日本の100分の1以下の3万円程度でしかなく、過去の独裁政権によって知識階層を中心に無数の国民が犠牲になった惨状から、ようやく復興を始めたばかりでもあります。そうした国に対しても他国と同様の自由化を求めれば、脆弱な政治的安定を脅かすことになりかねません。それに

よって、仮に日本の一部の産業が利益を得たとしても、それはアジアとともに長期的に発展することに活路を見いだそうとする日本の国益には沿わないことです。富の公平な分配（Equitable distribution of wealth）の観点からも、互恵（Win-win）の関係を構築することが欠かせないのです。

そこで、現実的な対処法の一つとして、可能な関税削減は行いつつ、それによるマイナスの影響を国境を越えて調整するメカニズム、すなわち自由化利益再分配メカニズムを盛り込むことが考えられます。例えば、参加国のGDP比に応じた拠出によって基金を造成し、打撃を受けるセクターへの直接支払いや技術協力、あるいは貧困対策のための財源とするのです。周知のように、EUの統合はこのようなメカニズムに支えられています。EU予算に最大の拠出をしているのは、経済大国ドイツです。その恩恵を、主に南欧の国々が受け取り、ドイツは差し引き赤字になりながらもEU統合に貢献してきました。

韓国と日本のEPA交渉が中断しているのは、表面的には農業問題が原因だといわれていますが、実際には、この再分配メカニズムの問題がネックとなっています。すなわち、第1章でも言及したように韓国側は、対日輸入によって被害が出る韓国の素材・部品産業への技術協力等のため、日本が基金を造成することを要請しましたが、これに対して日本政府は、韓国はもはや途上国ではないし、それは民間の問題なので政府がタッチすべきではないとして、拒否し続けています。こうした日本の対応は、正論かもしれませんが、もっと現実的に考えれば、日韓EPAの締結による長期的利益との比較の上で、柔軟に対応するという選択もあり得る

のではないでしょうか。現に、日タイEPAの場合は、「協力と自由化のバランス」を重視したことによって、交渉が円滑に行われました。つまり、タイ農家の所得向上につながるような様々な支援や協力の日本からの提供と、日本にとって大幅な関税削減が困難な重要品目へのタイ側の配慮とが、セットで合意されています。米国も、NAFTA成立のために、メキシコからの支援・協力基金造成の要求を受け入れています。

4．狭義の経済効率を超えた総合的判断基準が必要

　「東アジア共同体」の具体的イメージは、それを語る人によってまちまちですが、共通のアイデンティティーや国際戦略もあわせ持つ、文字通りの「共同体」としての政治的統合を果たすことは、現状では困難との見方が多いようです。当面は、東アジアでも増加している2国間FTAを広域化させる形で、まずは経済分野に限定した連携関係の構築に力を注ぐことが望ましいでしょう。

　しかし、将来的には、米州圏や欧州圏に対する政治的カウンタベイリング・パワー（拮抗力）として、アジア圏も経済分野にとどまらない強い結束力を持つことが期待されます。先にも述べたように、WTO等の議論は、米国とEUの圧倒的な2大主導力によって進められ、アジア諸国や日本の頭越しに話が決まってしまうことが繰り返されています。しかも、現行のWTOルールは経済効率が唯一の指標であり、特に農業分野では、米国やオーストラリア等の大規模畑作を中心とする新大陸型輸出国に一方的に有利なルールになっています。したがって、WTOルールに則した一律

的な農業保護削減は、資源賦存条件の不利なアジア諸国の農業の壊滅を容認することを意味しています。このような世界の流れを、アジアの結束によって変えていく必要があります。

東アジアの弱い農業が他産業に変わることこそ、経済効率を改善し、世界の経済厚生を増加させるという議論は拙速です。そうした議論は、環境問題や国家安全保障の問題といった、経済指標では表すことのできない重要な視点を忘れています。

例えば、農地が都市的利用に過度に転用されると、現在でも日本で深刻化している窒素蓄積の問題がさらに悪化します。また、食料自給率の極端な低下は、独立国家としてのナショナル・セキュリティ（国家安全保障）を危うくします。表9には、農産物貿易の自由化に伴う環境への影響や食料自給率の変化に関する鈴木（2007）の分析結果を示しています。これは、世界が日本、中国、韓国、米国の4カ国のみで構成され、コメのみが取引されている市場を想定したモデルにより、コメ関税がゼロになった場合の影響を、「日韓FTA」、「日中韓FTA」、および「WTO（日中韓米）」の3つのケースについて試算したものです。

まず、「WTO（日中韓米）」でコメ関税がゼロになると、生産者の損失と政府収入の減少の合計は1.1兆円ですが、消費者の利益が2.1兆円にのぼるため、日本のトータルの「純利益」は1兆円になると試算されています。これが自由化による「狭義の」経済効果であり、経済財政諮問会議等における自由化推進議論の1つの根拠でもあります。しかし、日本のコメ自給率はわずか数パーセントへと低下し、それに伴って、日本へのコメ輸出国における水需給の逼迫を示す「バーチャル・ウォーター」は、22倍に増加して

表9 コメ関税撤廃の経済厚生・自給率・環境指標への影響試算

	変数	現状	日韓FTA	日中韓FTA	WTO（日中韓米）
日本	消費者利益の変化（億円）	—	1,523.6	21,080.6	21,153.8
	生産者利益の変化（億円）	—	−1,402.0	−10,200.4	−10,201.6
	政府収入の変化（億円）	—	−988.3	−988.3	−988.3
	総利益の変化（億円）	—	−866.7	9,891.8	9,963.9
	コメ自給率（％）	95.4	88.6	1.7	1.4
	バーチャル・ウォーター（km³）	1.5	3.8	33.2	33.3
	農地の窒素受入限界量（千トン）	1,237.3	1,207.5	827.2	825.8
	環境への食料由来窒素供給量（千トン）	2,379.0	2,366.0	2,199.4	2,198.8
	窒素総供給/農地受入限界比率（％）	192.3	195.9	265.9	266.3
世界計	フード・マイレージ（ポイント）	457.1	207.6	3,175.9	4,790.6

注：仮に、世界はジャポニカ米の主要生産国である日本、中国、韓国、米国の4カ国からなる（したがってWTO加盟国は4カ国のみ）とし、コメのみの市場を考えた分析モデルによる試算結果である。
出所：鈴木宣弘（2007）。

います（バーチャル・ウォーターとは、輸入量に相当するコメ生産に必要な仮想的な水の量です）。また、水田減少によって窒素受入限界量が減少し、日本国内の窒素過剰率を示す「窒素総供給/農地受入限界比率」は、190％から270％へと増加しています。第1章でも触れたように、過剰な硝酸態窒素は、ブルーベビー症（乳

児が重度の酸欠状態になる症状)、消化器系がん、糖尿病、アトピー等との因果関係が不安視されていますし、酸性雨、地球温暖化等の原因だともいわれていますが、これらのリスクが大幅に高まる可能性があるのです。さらに、コメの輸送距離が国境を越えて増大するため、輸送に伴う消費エネルギー量の増加を示す「フード・マイレージ」(世界計)は、10倍に増加しています(フード・マイレージとは、輸出国から輸入国までのコメの輸送距離に貿易量を掛け合わせて算出されます)。以上のような問題は、自由化の参加国範囲が広いほど大きく、参加国範囲が狭い「日韓FTA」の場合には、かなり抑制されることがわかります。

　食料自給率の確保は、国家安全保障の問題と密接に関わっています。また、環境負荷の増大は、健康リスクの増大等となって、国民に長期的な悪影響をもたらすでしょう。これらの問題の深刻さは、簡単に金額換算できるものではないし、1兆円の経済効果と直接比較することも難しいものです。しかし、だからといって1兆円の利益よりも軽視されていいというものではありません。貿易自由化のメリットを考えるとき、経済効率の向上と環境負荷等の悪化との間に如何なるウエイトを置くべきなのか、また、国家安全保障の観点から、食料自給率の極端な低下を許してよいのかどうかについては、社会全体で十分に議論する必要があります。そうした議論を尽くした上で、貿易自由化や農業保護削減がどこまで可能かは、総合的な判断を行うべきでしょう。

5.「東アジア共通農業政策」の具体的イメージ

　しかしながら、東アジアでまとまりさえすれば安泰だと、単純に考えるわけにもいきません。それは、表9の「日中韓FTA」の試算値を見れば、「WTO（日中韓米）」とほとんど変わらないくらい、日本や韓国の稲作が打撃を受けていることからもわかります。その原因は、東アジア諸国間の労賃格差が現時点では非常に大きく、そのため農業生産費の格差も大きいことにあります。
　以上を踏まえ、特に農業分野に関して「東アジア共同体」の枠組みを具体化するには、経済効率だけでは測れない、富の公平な分配、食料自給率の問題、環境負荷等の影響評価指標を盛り込んだ上で、可能な関税削減は行いつつ、それによるマイナスの影響を国家間で緩和・調整するメカニズムとして、「東アジア共通農業政策」をセットで機能させる必要があります。こうしたアイデアについては、すでに中国、韓国、ASEAN諸国の研究者からも多くの賛同を得ており、いよいよ具体的な提案が待たれる段階に差しかかっていると考えられます。
　そこで、「東アジア共通農業政策」のための参加国の財政負担の限度に応じて、可能な関税削減の程度を試算する方法を例示したのが、鈴木（2006）の分析です。この分析では、議論の明確化のために、参加国の範囲を日本、中国、韓国の3カ国とし、品目もコメのみに絞り、日中韓のGDP比（70：8：22）に応じた基金を造成することが想定されています。その場合、農家手取米価を日本200円/kg、韓国150円/kgに補填し、日本の財政負担を4,000億円

表10 日中韓でのコメ関税削減と共通農業政策による妥協点の試算

	項目	単位	試算値
日本	生産量	万トン	780.8
	需要量	万トン	906.3
	自給率	%	86.2
	補填基準米価	円/kg	200.0
	市場米価	円/kg	126.5
	中国からの輸入量	万トン	125.5
	関税率	%	186.4
	日本への必要補填額（①+②-③）	億円	4708.1
	生産調整①	億円	0
	直接支払い等②	億円	5741.1
	関税収入③	億円	1033.0
	日本の負担額	億円	4000.0
	農地の窒素受入限界量	千トン	1219.2
	環境への食料由来窒素供給量	千トン	2355.8
	窒素総供給/農地受入限界比率	%	193.2
韓国	生産量	万トン	611.8
	需要量	万トン	748.2
	自給率	%	81.8
	補填基準米価	円/kg	150.0
	市場米価	円/kg	116.5
	中国からの輸入量	万トン	136.4
	関税率	%	186.4
	韓国への必要補填額（④-⑤）	億円	1012.7
	直接支払い等④	億円	2047.3
	関税収入⑤	億円	1034.6
	韓国の負担額	億円	1242.0
中国	生産量	万トン	17786.9
	需要量	万トン	17525.0
	米価	円/kg	37.8
	輸出量計	万トン	261.9
	日本への輸出量	万トン	125.5
	韓国への輸出量	万トン	136.4
	中国への必要補填額	億円	0
	中国の負担額	億円	478.8

注：日中韓のGDP比（70：8：22）に応じた拠出金により、農家手取米価を日本200円/kg、韓国150円/kgに補填し、かつ日本の財政負担を4,000億円に抑える関税率を求めた。
資料：鈴木（2006）。

に抑えるためには、コメ関税率の引き下げの限度は186%と試算されています（**表10**）。このとき、日本と韓国のコメ自給率は大幅に低下することなく、環境負荷も小さくとどまり、韓国・中国の財政負担も、ほぼ許容範囲に抑えられると同時に、中国は輸出増による利益を得られることがわかります。

　仮に、関税がゼロの場合を試算してみると、日本と韓国の必要補填額はそれぞれ1.3兆円、6,600億円となり、そのための財政負担は、日本1.4兆円、韓国4,200億円、中国1,600億円となります。これでは、とりわけ日本の負担額が大きすぎて現実的ではありません。つまり、関税をゼロにして、すべて直接支払いで置き換えれば、経済厚生のロスが小さく済むという議論は、実際の財政負担額を試算すると、空論であることがわかります。財政負担の大きさを試算した上で、関税と直接支払いの現実的な組合せを探る方向へと議論を修正すべきです。

　このようなモデル分析をより詳細なものに発展させ、ASEAN諸国も参加国として加えて、様々に条件を変更した試算を行えば、現実性のある「東アジア共通農業政策」の具体像を提案することが可能です。重要な点は、こうした具体的試算を、関税を削減できないことを主張するために用いるのではなく、様々な要素を総合的に考慮すればどこまで関税削減が可能かを示し、合意可能点を探るための実践的アプローチとして用いることです。

6. おわりに

　最近、国内の経済学者やメディア等から、WTO整合的な政策転

換の必要性ということが、しばしば絶対的な要請であるかのようにいわれていますが、この発想は再検討すべきでしょう。オーストラリア等の新大陸型輸出国を一方的に有利にする現行のWTOルールを見直し、農業の多様な価値や、国家安全保障としての食料自給率確保の重要性、及び環境負荷の問題等の外部効果を包み込むような、総合的なフレームワークへとWTOルールを発展させるべく、粘り強く働きかけていくという選択肢もあります。

そのためには、まずは東アジアの中で、東アジア農業の価値が十分評価されるような枠組みが実際に構築される必要があります。具体的には、「東アジア共通農業政策」等の自由化利益再分配メカニズムが組み込まれたRTAを目指す必要があります。そして、EUが国際社会における政治経済的プレゼンスを高めてきたように、アジア圏も将来的に、地域内での合意水準をベースとして、国際貿易ルールに積極的に働きかけていくことができる結束力を持つことが期待されるのです。

しかし、国内産業界は早急に利益を生むRTAを求めているため、非常に難しい国内調整の問題も生じるでしょう。しかし、日本の活路はアジアとともに持続的に経済発展することに見いだされるのであり、日本が一人勝ちして信頼関係を損ねるような経済連携戦略では意味がありません。「東アジア共同体」は、日本が短期の経済的利益を超えて、長期的視野で「国益」を見据えた国際戦略をいかに構築できるか、その手腕が改めて問われる場となるでしょう。

韓米FTAが合意されたからといって、拙速に、日豪FTAや日米FTAを急ぐのは、思慮深い判断とは言い難いのです。国の将来を

見据えた冷静な判断のできない人々が、日本をリードすべきではありません。

［付記］　第2章は、実質的には、農林水産政策研究所の木下順子主任研究員との共著です。このような形で、本書に収めることをお許しいただいたことに、深く謝意を表します。

参考文献
荏開津典生『農政の論理をただす』農林統計協会、1987年。
原洋之介『「農」をどう捉えるか──市場原理主義と農業経済原論』書籍工房早山、2006年。
木下順子・鈴木宣弘「輸出国家貿易による「隠れた」輸出補助金効果について──その経済学的解釈と数量化手法の提案」、『農林水産政策研究所レビュー』No. 3、2002年、pp.18-27。
中田哲也「食料の総輸入量・距離（フード・マイレージ）とその環境に及ぼす負荷に関する考察」『農林水産政策研究』第5号、2003年12月、pp.45-59。
沖大幹「バーチャル・ウォーターについて」『農業と経済』臨時増刊号、2007年8月、pp.95-105。
生源寺眞一『現代日本の農政改革』東京大学出版会、2006年3月。
鈴木宣弘『農のミッション──WTOを超えて』全国農業会議所、2006年。
鈴木宣弘『食料の海外依存と環境負荷と循環農業』筑波書房、2005年。
鈴木宣弘（編著）『FTAと食料──評価の論理と分析枠組』筑波書房、2005年。
鈴木宣弘『FTAと日本の食料・農業』筑波書房、2004年。
鈴木宣弘『WTOとアメリカ農業』筑波書房、2003年。
鈴木宣弘「東アジア共通農業政策構築の可能性──自給率・関税率・財政負担・環境負荷」『農林業問題研究』第161号、2006年3月、pp.37-44。
鈴木宣弘『WTO・FTAの潮流と農業──新たな構図を展望』、日本農業経済学会大会シンポジウム報告資料、2007年3月29日。
豊田隆「共通農業政策をどうつくるのか」、進藤榮一・平川均編『東アジア共同体を設計する』日本経済評論社、2006年、pp.126-133。

著者略歴

鈴木宣弘（すずき　のぶひろ）

[略歴]
1958年生まれ。東京大学農学部卒業。農林水産省国際企画課、農業総合研究所研究交流科長等、九州大学大学院農学研究院教授を経て、現在は東京大学大学院農学生命科学研究科教授。夏期（7～8月）は、米国コーネル大学客員教授も兼務。食料・農業・農村政策審議会委員。農学博士

[主要著書]
『農のミッション――WTOを超えて』（全国農業会議所、2006年）、『食料の海外依存と環境負荷と循環農業』（筑波書房、2005年）、『FTAと日本の食料・農業』（筑波書房ブックレット、2004年）、『WTOとアメリカ農業』（筑波書房ブックレット、2003年）、『寡占的フードシステムへの計量的接近』（農林統計協会、2002年）など。

筑波書房ブックレット　暮らしのなかの食と農 ㊱
日豪EPAと日本の食料

2007年8月31日　第1版第1刷発行

著　者　鈴木宣弘
発行者　鶴見治彦
発行所　筑波書房
　　　　東京都新宿区神楽坂2－19 銀鈴会館
　　　　〒162-0825
　　　　電話03（3267）8599
　　　　郵便振替00150-3-39715
　　　　http://www.tsukuba-shobo.co.jp

定価はカバーに表示してあります

印刷／製本　平河工業社
©Nobuhiro Suzuki 2007 Printed in Japan
ISBN978-4-8119-0317-0 C0036